你好
太阳系

你好，地球

〔西〕努里亚·罗卡　〔西〕卡罗尔·伊森◎文　〔西〕罗西奥·博尼利亚◎绘　马爱农◎译

科学普及出版社

·北　京·

亿万年以前

我们的地球是亿万年以前形成的，它与太阳和太阳系中的其他行星（水星、金星、火星、木星、土星、天王星和海王星）同时形成。地球形成于 4 600 000 000 年以前。

"这么大的数字，你是怎么读出来的？"奥利弗好奇地问。

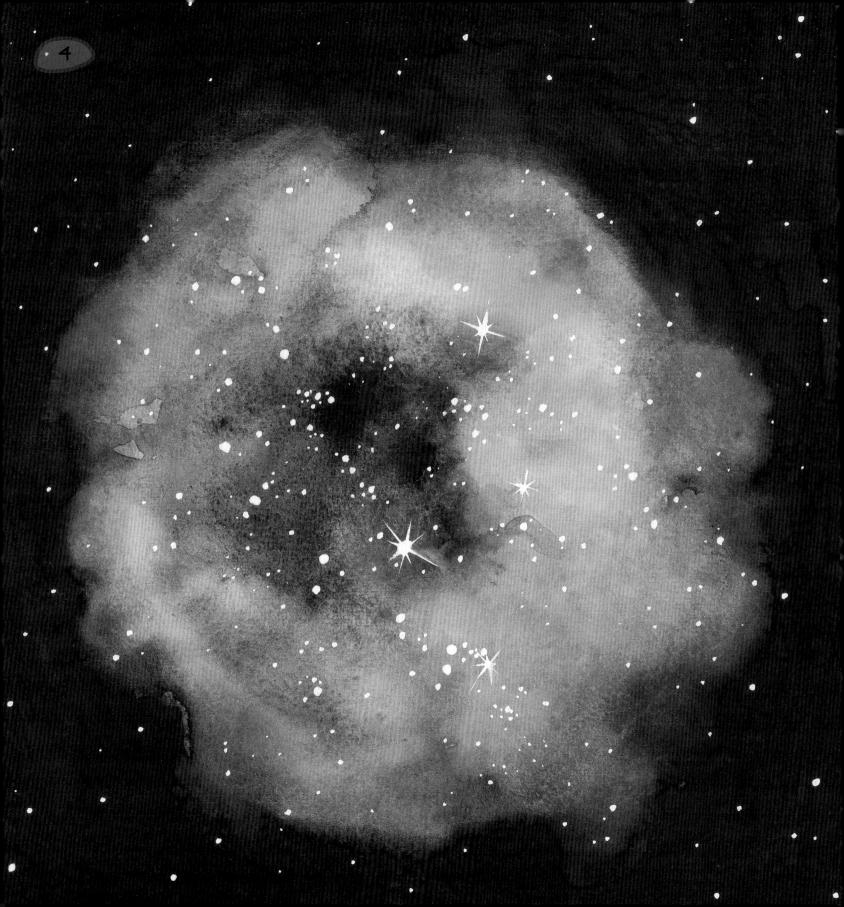

地球、海洋和空气

那个时候，一颗恒星爆炸了，产生了由尘埃和气体构成的巨大云团，渐渐地，太阳、地球和其他行星都从这个云团中形成。

当时，地球很热，所有的一切都在燃烧和沸腾。当地球冷却下来的时候，海洋、河流、湖泊、山脉和云层就出现了。

有的出现，
有的消失

那时候，地球非常炎热，风暴大作，电闪雷鸣，生命根本不可能在这里存活。但是渐渐地，微生物出现了，然后是植物，再然后是动物。

甚至……恐龙也出现了。然而，这第一批居民最后全都没有存活下来！

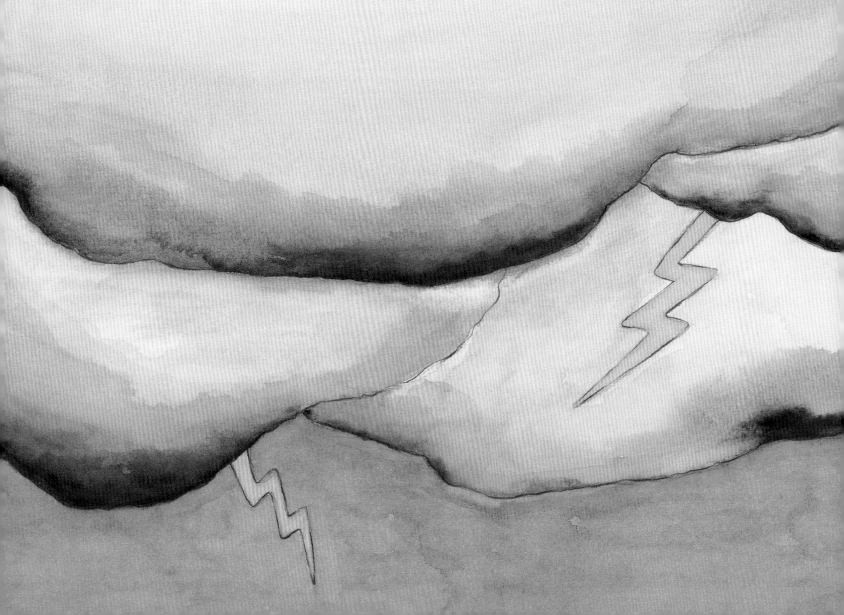

恐龙的灭绝

　　人类出现之前，曾有一颗陨石坠落，激起大团的尘埃，把阳光遮挡住了，植物几乎无法生长。由于天气寒冷，植物稀少，恐龙难以生存，渐渐地就消失了。

保护层

　　爱丽丝向奥利弗解释说，大气层是一道包裹着地球的看不见的保护层。

　　"它是一个空气层，云、风和飞机可以从中穿过，它像毯子一样保护我们，不让我们受到来自太空的寒冷和酷热的伤害。"

　　"它还能吸收紫外线！"奥利弗说。

一个非常多样化的星球

大气层包裹着地球，使各地的温度更加舒适宜人。但这并不意味着没有十分寒冷的地方，比如北极和南极；也不意味着没有异常炎热的地方，比如撒哈拉沙漠。

"地球上的气候非常多样化。"爱丽丝说。

世界的气候

一只北极熊到了沙漠中会怎么样呢？它穿着毛皮大衣会热死。如果一匹骆驼来到了亚马孙丛林会怎么样呢？在一个到处是水的地方，它的驼峰一点儿用也没有！

地球上的气候非常多样化，生活在各地的动物完全适应了当地的气候！

蓝色的星球

　　地球表面的大部分被水覆盖。地球上的水真多啊，多到从太空看去，地球是蓝色的，仅在周围飘着一些白云。

　　在我们知道的所有行星中，地球是唯一一个有液态水的行星。因此，地球在太阳系中是非常、非常特别的。

流星雨

夜晚，爱丽丝和奥利弗抬起头，看到夜空中布满了星星。突然，一个光点迅速地在天空划过——是一颗陨石！

接着又有一颗……又有一颗……同时又有两颗……"这是一场流星雨！"奥利弗说。

观察天空

地球是平的吗？月亮为什么会改变形状？为什么会有白天和夜晚呢？

为了解答这些问题，天文学家一直在观察天空。先是用肉眼观察，后来有了望远镜，再后来借助宇宙飞船和人造卫星……"人类的好奇心非常强。"爱丽丝笑着说。

人造卫星

人造卫星是环绕地球在空间轨道上运行的无人航天器，不停地绕着地球旋转。

它们拍摄照片、发送电话讯号、提供天气信息……"它们很小，但非常重要。"奥利弗说。

第一批
太空旅行者

"

动物？

"

很多次

猩猩哈

飞船上生活

飞船上没有重力，这意味着宇航员和所有没被固定的东西都飘浮在空中。水也是飘浮着的，所以飞船上没有淋浴，也没有水槽——宇航员们只能用湿毛巾给自己洗澡！

"真好玩啊！"奥利弗说。

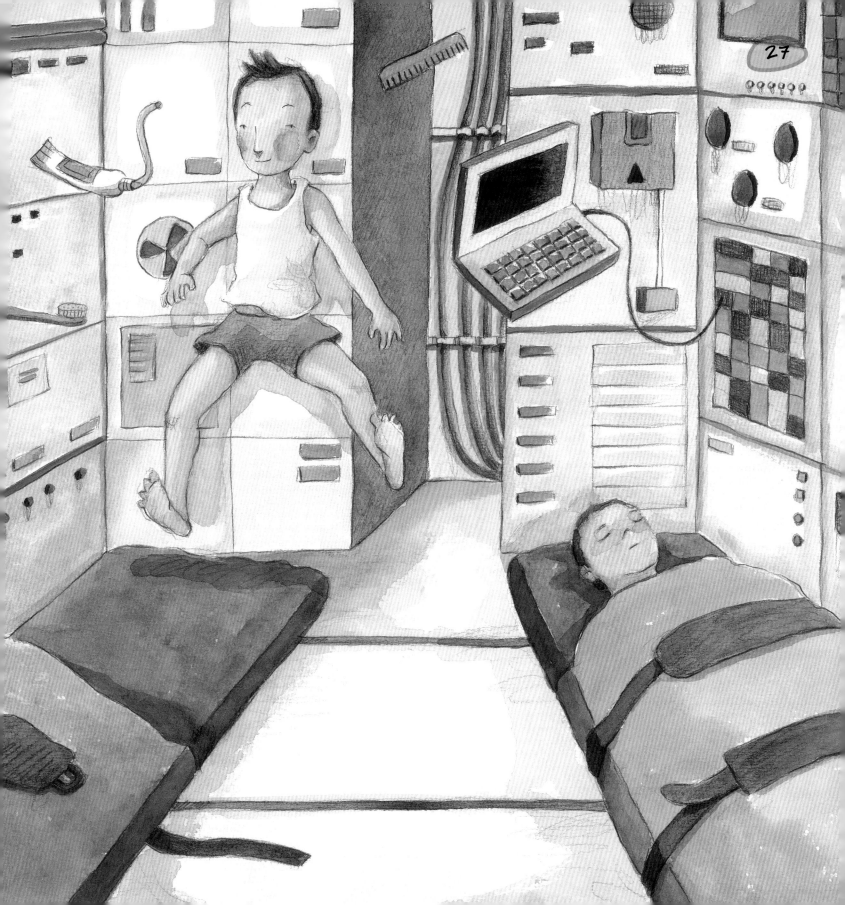

成为一名宇航员

奥利弗的理想越来越坚定，他要成为一名宇航员，在太空中遨游。他要尽一切努力做到这一点：必须保持绝对健康，不挑食，加强锻炼，还要……

"而且不能发脾气，因为在宇宙飞船上你是不能摔门而出的！"爱丽丝笑着说。

我们的宇宙飞船

对人类来说，遨游太空并不是一件容易的事。所以，我们会用没有宇航员的宇宙飞船，我们还使用一些机器人，让它们在我们不能去的星球上工作。

将来，我们也许可以在其他星球上建造城市。但是就目前来说，地球是最适合我们生活的星球！

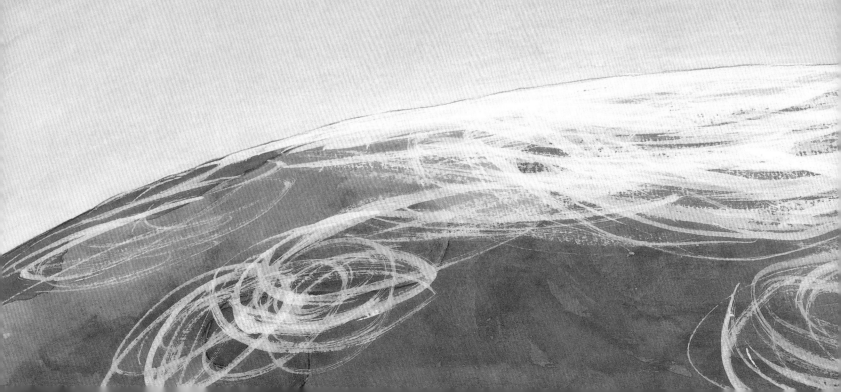

趣味活动

家里的陨石

　　每年大约有 10 万千克的陨石落在地球上。其中大多数都是非常微小的颗粒，跟街道上的尘土或家里的灰尘很难区分。但你可以试一试！把一大块塑料布（越大越好）铺在花园或院子的地面上，用重物压住。把它留在那里，时间越长越好——最好是整整一个月。然后，把沉积在上面的灰尘收集起来——拎起塑料布的边缘，把灰尘抖落到中间。拿走其他东西：树叶、树枝、碎纸片……

　　取一块磁铁，用塑料袋包住（这样就不会有东西粘在磁铁上），把它放在灰尘上方。然后，把磁铁连同吸附在塑料袋上的灰尘拎到一个白盘子的上方，把塑料袋从磁铁上取下来——你会看到很多铁颗粒掉落在盘子里。

　　用放大镜观察：那些轮廓圆润的颗粒是外星物质，也就是落在地球上的陨石尘埃。圆润的轮廓是因为颗粒与地球大气层摩擦造成了磨损！

火箭比赛

准备材料：

一个洗发水或沐浴乳的空瓶、一根吸管、橡皮泥、胶带、纸和剪刀。

动手制作：

吸管就是你的火箭。用胶带封住吸管的一头，用纸做出翅膀。你可以涂上颜色，让它们看上去更漂亮，但最重要的是让你的火箭顺着直线飞得越高越好，击败你的竞争对手！把吸管插入空瓶的瓶口（如果瓶口太大，就用橡皮泥把它堵住一点儿），然后用力挤压瓶子，你的火箭就飞上去了！

要弄清哪支火箭飞得最高，你可以用细绳标出不同的高度（每个高度采用不同的颜色）。你还可以用不同的瓶子试试每支火箭。这样就能挑出最好的一个：最好的瓶子，或最好的火箭……或是最好的组合！

人们认为**地球是在大约 46 亿年前形成的**。最初，它只是一大团灼热的气体和粒子，与其他行星一起绕着一颗恒星（太阳）旋转。渐渐地，它冷却下来，表面开始形成一层硬壳，火山的爆发又在它的周围形成了大气层。随着地球逐渐变冷，水蒸气凝结，以雨的形态降落下来。在这些雨水汇聚成的海洋里，诞生了一些微小的东西，它们能够进食、与周围环境产生联系，并且繁殖：第一批生物出现了。但它们太小了，你只能通过显微镜看到它们。

随着时间的推移，越来越多的复杂生物出现了，例如水母和海星。后来，有了第一条鱼。再后来，有了第一批能够离开水生存的生物：原始植物、蝎子和昆虫……就这样，逐渐出现了越来越复杂的生物。

亲子指南

据我们所知，地球是整个太阳系中唯一有人居住的行星。地球与太阳之间的距离刚刚好，这使它具备了生命存活的必要条件。地球是太阳系的岩石行星中最大的一颗。地球表面有一层气体，即**大气层**，可以散射光线和吸收热量。这道保护层可以防止地球白天过度升温、晚间急剧降温。地球表面的十分之七被水覆盖。

流星体是一些岩石碎片，直径从几毫米到 10 米左右不等。许多流星体都来源于彗星解体或小行星碰撞。流星体与地球的大气层接触时就会燃烧，然后在天空中拖出一条光的轨迹，被称为流星。有时，流星体进入地球大气层时，有些部分没有完全燃烧，就以大小不同的岩石碎片的形态落在地球表面。这些来自太空的石头就是我们所说的**陨石**。

火流星是由较大的流星体引起的发光现象，十分明亮，在流星体坠落后的几秒钟甚至几分钟内，天空中仍保留着这种持续发光的轨迹。

早在两亿多年前，地球上生活着巨大的爬行动物：**恐龙**。它们彼此之间差异很大：有的善于奔跑，有的善于飞行；有的是食草动物，有的是食肉动物。通常，恐龙比现在的动物体形要大，有些甚至有 20 头大象那么大。恐龙存在了很长一段时间，然而在 6500 万年前，发生了一些事情，导致它们在几年内灭绝。当时消失的不仅是恐龙，其他许多物种也灭绝了。

图书在版编目（CIP）数据

你好，太阳系.你好，地球/（西）努里亚·罗卡，
（西）卡罗尔·伊森文;（西）罗西奥·博尼利亚绘;马
爱农译. -- 北京:科学普及出版社,2023.1
　ISBN 978-7-110-10512-2

Ⅰ.①你… Ⅱ.①努… ②卡… ③罗… ④马… Ⅲ.
①地球 – 儿童读物　Ⅳ.① P18-49

中国版本图书馆 CIP 数据核字（2022）第 200290 号

著作权合同登记号：01-2022-5115

策划编辑：李世梅	封面设计：许　媛
责任编辑：李世梅	责任校对：邓雪梅
助理编辑：王丝桐	责任印制：李晓霖
版式设计：金彩恒通	

出版：科学普及出版社	邮编：100081
发行：中国科学技术出版社有限公司发行部	发行电话：010-62173865
地址：北京市海淀区中关村南大街 16 号	传真：010-62173081
网址：http://www.cspbooks.com.cn	

开本：787mm×1092mm　1/12	
印张：14 2/3	字数：72 千字
版次：2023 年 1 月第 1 版	印次：2023 年 1 月第 1 次印刷
印刷：北京瑞禾彩色印刷有限公司	

书号：ISBN 978–7–110–10512–2 / P · 234	定价：168.00 元（全 4 册）

Original title of the book in Catalan:
© Copyright GEMSER PUBLICATIONS S.L. , 2014
Authors: Núria Roca and Carolina Isern
Illustrations: Rocio Bonilla

Simplified Chinese rights arranged through CA-LINK International LLC
(www.ca-link.cn)